반려견 기초훈련

한만수

박영story

인사말

급변하는 반려견 문화에 반려인 전문교육이 매우 중요하다고 생각합니다. 일상생활에서 필요한 기초 훈련부터 나아가서는 전문직업훈련까지 또한 어렵게만 생각되는 학습에서 벗어나 반려인 교육에 필요한 가장 기초적인 훈련에 중점을 두어 좀 더 쉽고 빠르게 이해할 수 있는 교육과정에 맞추어 구성하기 위해 노력했습니다.

2022년 9월
한만수

목차

반려견 기초 훈련

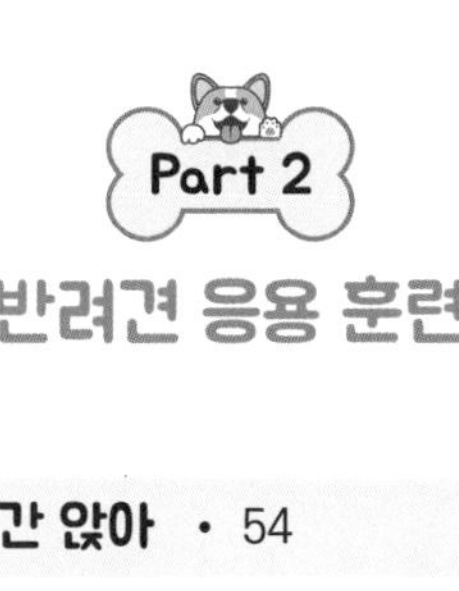

반려견 응용 훈련

PART 1

반려견 기초 훈련

1. 훈련의 필요성과 목적

01 훈련의 필요성

한국반려동물보고서에 따르면 반려동물을 기르는 인구는 1000만명이 넘어서는 것으로 파악되고 있습니다. 전체가구의 29%를 차지하며 한국에서 반려가구는 많은 비율을 차지하고 있습니다. 반려가구가 늘어남에 따라 반려동물과 관련된 문제 또는 사고도 증가하기 때문에 반려문화에 대한 인식개선이 필요한 실정입니다. 올바른 반려문화가 제대로 정착이 된다면 안전하고 따듯한 사회가 되는 데 기여될 것입니다. 이를 위해 사회에서는 올바른 법규로 모두가 지킬 수 있는 규칙이 시행되어야 할 것이며, 개인의 범위인 반려인으로서는 올바른 훈련으로 이웃에게 피해를 끼치지 않고 더불어 살아가는 사회에 동참해야 할 것입니다.

㉮ 기초배경

훈련에는 애견의 종류와 암수, 훈련의 방법 등이 상황마다 다르다는 것을 인식하는 게 필요합니다. 개와 고양이, 특수 동물들은 가축의 개념에서 반려동물로 가족의 구성원으로 자리 잡아나가고 있습니다. 반려인은 반려견에 대한 작은 생명을 보호하고 지켜야 하며 뒤 따라오는 사회적 책임도 요구됩니다.

반려인의 책임은 기본적인 에티켓, 산책 시 용변처리, 동물을 무서워하는 사람에 대한 배려, 애견을 청결하게 관리, 계획적인 산책이나 운동 등을 의미합니다. 이러한 책임은 반려견을 키우는 반려인으로서의 기본적인 의무라고 볼 수 있습니다. 또한 기본적인 의무뿐만 아니라 타인과의 사고에도 책임감을 갖는 자세가 필요합니다.

타인과의 사고는 위험률이 높기 때문에 사고 위험이 1%라도 있다면 미리 예방하는 작업이 필요합니다. 예방 작업에는 훈련 및 행동 교정, 이중 잠금장치 등이 해당됩니다.

나 사람과 견(犬)의 공존관계

구석기시대에 사람의 거주지 곁에서 견(犬)의 뼈가 발견될 정도로 사람과 동반자로서의 관계가 깊고, 선조들에 의해 가축화되어왔습니다. 견(犬) 종류 및 특성에 따라 사람의 이용목적에 맞게 훈련되어졌는데 그 종류는 목장에서 가축을 유도해내는 목양견이나 특수한 목적견으로 목적견에는 수색, 탐지, 경찰견, 인명구조견 등이 있습니다.

또한 목적 이외에도 사람들에게 즐거움을 제공하기 위해 스포츠의 분야도 존재합니다. 스포츠에는 아질리티, 프리스비, 플라이볼, 도그댄스 등 여러 분야에서 목적에 맞춰 만들어졌습니다.

사람과 견(犬)은 서로의 필요에 의해서 관계를 맺어 왔으므로 거기에는 공존을 위한 삶의 규칙이 존재했고, 인간이 필요로 하는 목적을 충실히 수행할 수 있도록 하는, 보다 큰 가치 있는 견(犬)의 행동을 만드는 훈련이 있었습니다. 하지만 현재는 인간의 목적을 위해 훈련되는 존재보다는 애완동물이나 우리 일상에서 가족의 일원으로 동반자 관계로 자리매김해나가고 있습니다.

02 훈련의 목적

현 시점에서 훈련의 목적을 말하자면 전문 반려견 지도자는 견(犬)들의 잠재적 소질을 개발하고 생활 목적을 길들이는 것이 주된 역할입니다. 여기서 '잠재적'이라는 말은 겉으로 드러나지 않고 숨은 상태로 존재하는 것입니다. 다시 말하면 아직 발견되지 않은 재능을 찾아주는 것입니다.

그리고 반려견들의 일상생활에 불필요한 행동을, 행동 교정 및 훈련으로 교육하고자 합니다. 하지만 일반 반려인들은 전문 반려견 지도사가 행하는 훈련에 대해 거부감을 갖는 분들도 많이 있습니다. 왜냐하면 훈련이라 하면 딱딱하고 처벌과 강제성을 가지고 훈련에 임한다고 생각해 훈련을 포기하거나 거부하시기 때문입니다. 하지만 일반 반려인들의 관점에서는 처벌 또는 강제성이라고 보여지는 과정은 반려견과 변려인이 일정한 규칙을 만들어가는 사회화 과정입니다. 규칙이 부재하면 반려견은 무질서한 세상 속에서 혼란이 초래될 수 있기 때문에 반려견과 반려인 관계에서는 규칙이 필요한 것을 볼 수 있습니다.

훈련의 과정은 반려견을 키우기 전부터 다양한 훈련클럽(반려견 훈련 모임)을 통해 훈육과 훈련을 먼저 습득하는 방법도 있습니다. 훈련은 단발성이 아닌 지속성으로 꾸준히 반복되어야 합니다. 또한 훈련의 결과가 단기간에 나타난다고 하지 않아서 실망하는 경우가 있는데, 이는 일반적인 과정임을 인지하여야 합니다. 무지의 상태에서 규칙을 훈련시키는 과정이니 이는 당연히 일정한 시간이 요구되는 사항입니다. 그러므로 훈련의 과정이 복잡하고 장기간이 소요되는 과정임을 인식하고 훈련을 시작하는 편이 좋습니다.

훈련이 완료된 반려견은 바쁜 현대인들의 삶 속에서 반려인과 분리되어 있어도 문제행동이 적거나 발생하지 않아야 훈련이 제대로 이루어졌다고 볼 수 있습니다. 반려견 훈련은 어렵고 복잡하게 접근하기보다 반려견과 편하게 놀이를 하는 정도의 단계로 접근하는 것을 권장합니다. 또한, 성급하게 성과를 내려는 조급한 마음은 차후에 훈련 교정으로 시간과 비용을 더 쓰는 경우가 발생할 수 있어 시간과 마음의 여유를 갖는 자세를 갖춰야합니다.

반려인이 시간과 마음의 여유를 갖고 반려견에게 훈련을 행한다면 반려견은 훈련이라는 인식보다는 놀이로 인식될 가능성이 높고 이는 좋은 결과물로 이어질 가능성이 높습니다.

좋은 결과물은 반려인에게 성취감을 주며 훈련의 즐거움으로 다가올 것입니다.

이에 반대되는 마음가짐으로 훈련을 행하다보면 마음처럼 따라주지 않는 반려견을 학대하는 경우까지 발생할 수도 있기 때문에 반려인의 올바른 태도 및 자세가 요구되는 바입니다.

올바른 훈련은 반려견에게도 일정한 규칙을 제공함으로써 동반자에게 불필요한 부담을 주는 행동을 삼가고 동반자의 요구에 부응하는 행동을 함으로써 동반자들의 사랑을 받을 수 있기 때문에 훈련이 행해지지 않은 혼란스러운 상태보다 더욱 평화로운 관계를 유지할 수 있습니다.

2022년 반려동물 보호법 중 (보호자들이 알아두어야 할 점) 외출 시 주의사항

• 반려동물의 목줄 착용 의무화

- 목줄 길이는 2m이내, 실내 공간에서는 반려견을 안거나 목줄 잡아주기.
  목줄착용 위반시 1차 20만원, 2차 30만원, 3차 50만원의 과태료 부과

* 맹견 입마개 및 이동장치를 하지 않거나, 기르는 곳에서 벗어나게 할 경우
  1차 100만원, 2차 200만원, 3차 300만원의 과태료 부과
  (5대 맹견 : 로트와일러, 도사견, 스태퍼드셔테리어, 아메리칸 핏불테리어, 아메리칸 스태퍼드셔테리어)

• 인식표 의무화

- 칩 or 목줄형태의 인식표 중 선택하여 착용하며,
  위반시 1차 5만원, 2차 10만원, 3차 20만원의 과태료 부과

• 배변봉투 지참

- 공중위생을 위해 배설물을 바로 수거해야 하며,
  위반시 1차 5만원, 2차 7만원, 3차 10만원의 과태료 부과

* 소변처리의 경우 공동주택의 엘리베이터나 계단 등 건물내부의 공용공간이나 평상, 의자 등 사람이 사용하는 기구 위에 볼일을 볼 경우 해당됨

2. 아이컨택 훈련

01 아이컨택이란?

아이컨택이란, 사람과 반려견이 함께 눈을 맞추는 동작을 의미합니다. 아이컨택을 하는 이유는 사람과 견(犬)이 시선을 맞추며 교감을 통해 자연스럽게 신뢰도를 쌓을 수 있기 때문입니다.

우선 견(犬) 훈련에 있어서 가장 중요한 것은 교감과 친화훈련입니다. 아이컨택 훈련을 하며 자연스러운 교감으로 눈빛만으로 서로의 상태를 확인할 수 있습니다. 견(犬)의 상태가 아픈지, 즐거운지, 두려운지 등을 지도수가 확인할 수 있고, 견(犬)의 입장에서도 지도수가 화가 났는지, 기쁜지를 확인할 수 있어 서로의 상태 파악이 가능합니다. 위와 같은 훈련이 이뤄질 경우에는 신뢰도를 향상시키는 데 효과적입니다. 하지만 이와 반대로 신뢰도가 결여된 상황에서 강압적인 훈련이 진행될 경우에는 훈련 성과가 일시적이거나 제대로 된 결과물이 나오지 않을 가능성이 높습니다. 그렇기 때문에 반려견과의 충분한 신뢰도를 쌓을 수있도록 훈련이 진행돼야 합니다.

02 아이컨택 훈련의 이점

아이컨택 훈련을 통해 충분한 교감이 이뤄진다면 다른 훈련들의 성과를 높일 수 있으며 시간과 장소에 구애받지 않고 교감 훈련이 가능한 것이 아이컨택 훈련의 이점입니다.

03 아이컨택 훈련 시 주의사항

긍정적인 신호

아이컨택 훈련을 진행할 때 주의해야하는 점은 표정이 굳어있거나 감정이 상해있는 듯한 표정보다는 긍정적인 신호를 전달할 수 있는 밝은 표정을 유지하도록 유의해야합니다.

아이컨택 훈련의 목적이 서로에 대한 친밀감을 표현하고 그 친밀감을 통해 신뢰도를 형성해나가는 과정인데 긍정적인 신호를 전달하지 못하는 화가 나있듯한 표정 또는 굳어있는 표정 등은 견(犬)에게 편안한 감정을 전달하지 못하기 때문에 적합하지 않습니다.

견의 짧은 집중력

아이컨택 훈련은 단거리로 진행이 되어도 움직임이 동반되어야 합니다. 이동하면서 진행이 되어야 견(犬)에게 지루한 훈련이라는 인식을 심어주지 않고 즐거운 놀이라는 인식을 심어줄 수 있기 때문입니다. 또한, 훈련 시 포상의 조건으로 지급하는 간식은 적은 양을 여러 번 급여하는 방식이 좋습니다. 많은 양의 간식이 포상으로 주어질 경우 견(犬)의 집중력과 동기가 저하될 수 있습니다.

적은 양의 간식으로 훈련을 진행해야 하는 추가적인 이유는 간식을 지나치게 포상하게 되면 영양소가 풍부한 사료를 섭취하지 않기 때문입니다. 또한, 크기가 큰 간식을 강아지가 씹어서 소화를 시켜야 해서 훈련을 하면서 씹는 버릇이 생깁니다. 그리고 훈련을 할 때 아이컨택 후 포상을 주고 자리를 옮겨 다시 아이컨택을 시도하게 되는데, 크기가 큰 간식의 경우 강아지가 그것을 씹다가 이동을 해야 하기 때문에 간혹 목에 걸리는 경우를 방지하기 위해서라도 간식의 크기는 작은 것을 권장합니다.

04 훈련 시 준비물

4 반려견 기본훈련
① 아이컨택
훈련 시 준비물
① 먹이주머니
사료
사료에 반응하지 않을 경우
육포

4 반려견 기본훈련
① 아이컨택
훈련 시 준비물
② 클리커
③ 리드줄
반려견 훈련 시간 15분
딴짓을 하거나 이동할 경우
훈련시간을 뺏길 수 있기 때문에
리드줄로 케어하는 것

첫 번째로 먹이주머니와 충분한 먹이가 있어야 됩니다. 사료로 하시는 게 가장 좋고, 사료에 반응을 안 하면 자극적인 냄새가 나는 부드러운 간식을 권장합니다.

두 번째로 클리커와 리드줄이 필요합니다. 이 리드줄은 통제하려는 목적이 아니라 대부분의 견(犬)이 집중할 수 있는 시간인 약 15분 동안 강아지가 딴짓을 하거나 다른 곳으로 이동하는 걸 방지하기 위한 것으로 한정된 시간동안 충실하게 훈련할 수 있도록 케어해주는 역할을 합니다.

05 훈련방법

가 견의 위치 및 적응기

아이컨택을 처음 시작할 때는 반려견과 얼굴을 마주볼 수 있는 곳에서 하는 것이 좋습니다. 소형견의 경우 테이블 위에 올려놓는 것이 좋고 대형견의 경우 1m ,80cm 정도 거리를 두고 아이컨택 훈련을 하는 게 좋습니다.

강아지와 마주 본 상태에서 지도수가 만족할 만큼의 시간을 강아지와 눈으로 대화했다면, 측면으로 이동합니다. 강아지는 지도수의 왼쪽으로 위치시킵니다. 먹이 주머니는 지도수의 오른쪽으로 이동합니다.

아이컨택을 할 때는 칭찬과 스킨십으로 강아지의 기분을 북돋아줍니다.

처음 스킨십을 할 때 강아지가 싫어하는 부위가 있을 수 있는데, 칭찬을 하면서 거부반응을 줄여나가는 것이 좋습니다. 마사지를 해줄 겸 강아지의 건강상태도 보고, 진드기가 있는지, 앞발과 뒷발, 꼬리 등을 만지며 교감하는 시간을 갖습니다. 강아지가 지도수를 믿게 하는 게 가장 중요하기 때문에 강아지에게 포상을 하면서 온몸을 맡길 수 있는 지도수가 되어야 합니다. 강아지가 자신에게 해를 끼치는 게 아니라 도움을 주는 관계라는 믿음을 주는 것입니다.

나 리드줄 잡는 법

훈련을 하는 도중에 리드줄을 잡아당기거나 강제성있는 행동으로 위압적인 신호를 전달하는 것은 지양해야합니다. 강아지가 편안한 감정을 느낄 수 있도록 리드줄을 느슨하게 잡아주는 것이 좋습니다. 그리고 3~6개월 정도의 강아지는 훈련에 처음 입문하는 단계이기 때문에 훈련 시간이 2~3분으로 짧다는 것을 고려해야합니다.

그리고 점점 리드줄 옮겨가며 양손을 자유자재로 사용하는 것이 훈련의 효율에 좋습니다. 리드줄을 잡고 있지 않은 손은 간식을 쥐고 상황에 맞춰 포상을 하면 됩니다. 먹이주머니 위치는 개인의 취향에 따라 고정해도 되지만 중앙에 고정해두면 양손을 자유자재로 사용할 때 편리한 점이 있습니다. 위의 훈련 과정이 숙달되면 클리커를 활용한 훈련을 진행할 수 있습니다.

다 훈련방법

아이컨택 훈련을 통해 명령어에 맞춰 반응하게 하는 훈련법입니다.

강아지와 눈이 마주친 상황에서 '앉아', '엎드려', '기다려'를 동일한 위치에 약 3~5회 이상 명령어만 반복합니다. 훈련 초반에 동일한 명령어에 포상이 주어진 것과는 다르게 포상이 주어지지 않으면 강아지는 당황하게 됩니다. 훈련 초반에는 항상 주머니에 손이 들어갔다 나오면 간식을 줬기 때문에 먹이 주머니나 지도사의 손을 볼 겁니다. 배꼽쪽에 있는 손을 보다가 시간이 흐르는데도 본인에게 주어져야 할 포상이 오지 않으면 보통 점핑을 하거나 해서 간식을 강제로 뺏어먹으려고 합니다.

그런데 이 때 반응하면 안 되고, 손을 계속 복부에 고정해놓은 상태로 움직임이 없으면 강아지가 '왜 안 줄까?'라는 생각을 갖고 지도수의 눈을 봅니다.

그 때 칭찬하는 포인트를 정확하게 잡고 "옳지!" 아니면 "굿보이!", "잘했어!" 등의 칭찬을 하고 클리커를 누르고 먹이를 주시면 됩니다.

06 아이컨택 훈련의 핵심

강아지의 눈을 봄으로써 훈련을 하고자 하는 의욕을 판단하는 것 외에도 건강 상태, 친화력, 지도사와의 신뢰 등을 알 수 있습니다. 이 중 제일 중요한 것은 강아지와의 교감입니다. 눈으로 인사하며 눈으로 대화를 하는 겁니다. 그렇기에 강아지와 유대감을 높이기 위해서는 기본적인 과정에 속합니다.

훈련을 하게 되면 3개월령의 사회화를 할 시기가 될 때부터 오랜 시간동안 하게 되는데, 3개월부터 6개월 사이에는 계속해서 아이컨택이나 스킨십을 합니다. 여러 가지 소리를 내서 강아지를 칭찬하고, 훈련이라는 것을 지루하지 않게끔 하시는 게 제일 중요합니다. 눈을 마주친 상태로 1초부터 시작해 2초, 3초, 5초 이렇게 시간을 늘려가야 합니다.

07 정리

지도수와 강아지가 유대감이 형성되기 전인 초반에는 훈련을 진행할 때 다소 어려움이 있을 수 있지만, 강아지에게 반복적이고 지속적으로 신뢰를 준다면 강아지는 지도수에게 점차 믿음을 주게 됩니다. 신뢰관계가 형성된 이후부터는 훈련이 수월하게 진행될 수 있으니 지도수는 인내를 하며 강아지에게 믿음을 주는 자세도 함께 요구됩니다.

3. 집중력을 키우는 포커스 트레이닝

강아지가 배워야 하는 가장 중요한 과정이고 이 포커스 트레이닝은 정확한 자세와 집중력, 개의 행동이 제한적이게 됩니다. 또한 훈련견은 시선, 행동반경이 보호자나 지도수를 중심으로 집중되고 빠르고 정확한 동작이 이루어집니다.

포커스 트레이닝은 일반 반려견를 키우는 보호자도 배우시면 정말 좋은 훈련입니다. 전문 반려견 지도사는 훈련 경기대회나 일반 훈련에서도 필수로 강아지 때부터 하는 트레이닝입니다.

01 포커스 트레이닝의 종류

㉮ 핸드 포커스(hand focus)
㉯ 마우스 포커스(mouse focus)
㉰ 넥 포커스 (neck focus)
㉱ 암피트 포커스 (armfit focus)
㉲ 처스트 포커스 (chest focus)

현재 위 다섯 가지 포커스 트레이닝를 실시하고 있습니다. ㉮, ㉯는 주로 훈육이나 퍼피 클레스에서 많이 이루어지고 있고 일반 보호자나 전문 반려견 전문가도 실시하는 기본 기초 훈련입니다. 주로 반려견(훈련견)이 좋아하는 사료, 간식을 사용하여 실시합니다(단, 사역견 자견은 간식, 사료, 터그, 공. 헝겊, 가죽 등을 사용해도 됩니다). 이 핸드, 마우스 포커스 트레이닝은 훈육에서 없어서는 안 되는 기본 훈련이므로 꼭 해야 만 합니다. ㉮, ㉰, ㉱, ㉲ 훈련은 간식, 사료가 아닌 공이나 터그를 사용합니다. 여러 포커스 트레이닝이 어떻게, 왜, 무엇을 하고자 하는지 알아보겠습니다.

가 핸드 포커스 (hand focus)

훈련 시작 전 우리는 아이컨택에 집중하는 훈련을 실시해야 합니다.
아이컨택 훈련 전 핸드 포커스는 기본이며 핸드 포커스에 집중하게 해야만 합니다.
손은 반려견(훈련견)이 볼 때 흥미를 가지고 마술을 하는 손으로 비춰져야 합니다.
간식, 사료, 공, 터그 등 여러 가지 마술 박스를 가지고 있는 손으로 인식해야하고
포커스 훈련에서의 가장 기본으로 행하여야 합니다.

훈련방법

- 훈련용 앞치마(먹이주머니 겸용 공이 들어 갈 수 있는 것)을 준비하고, 지도수(보호자)는 많은 움직임을 피하고 손에 자극적인 간식이나 공을 들고 손을 따라 움직이게 하며 포상한다. 반복하여 움직이는 손을 잘 따라오면 이때부터 집중력을 키워보자.
- 훈련견(반려견)를 정면에 위치하여 왼쪽 오른쪽 명치쪽 손이 움직이는 곳을 보고 집중하게 한다. 시간은 1초, 2초, 3초...처럼 단계별 시간을 늘리는게 중요한 포인트다.

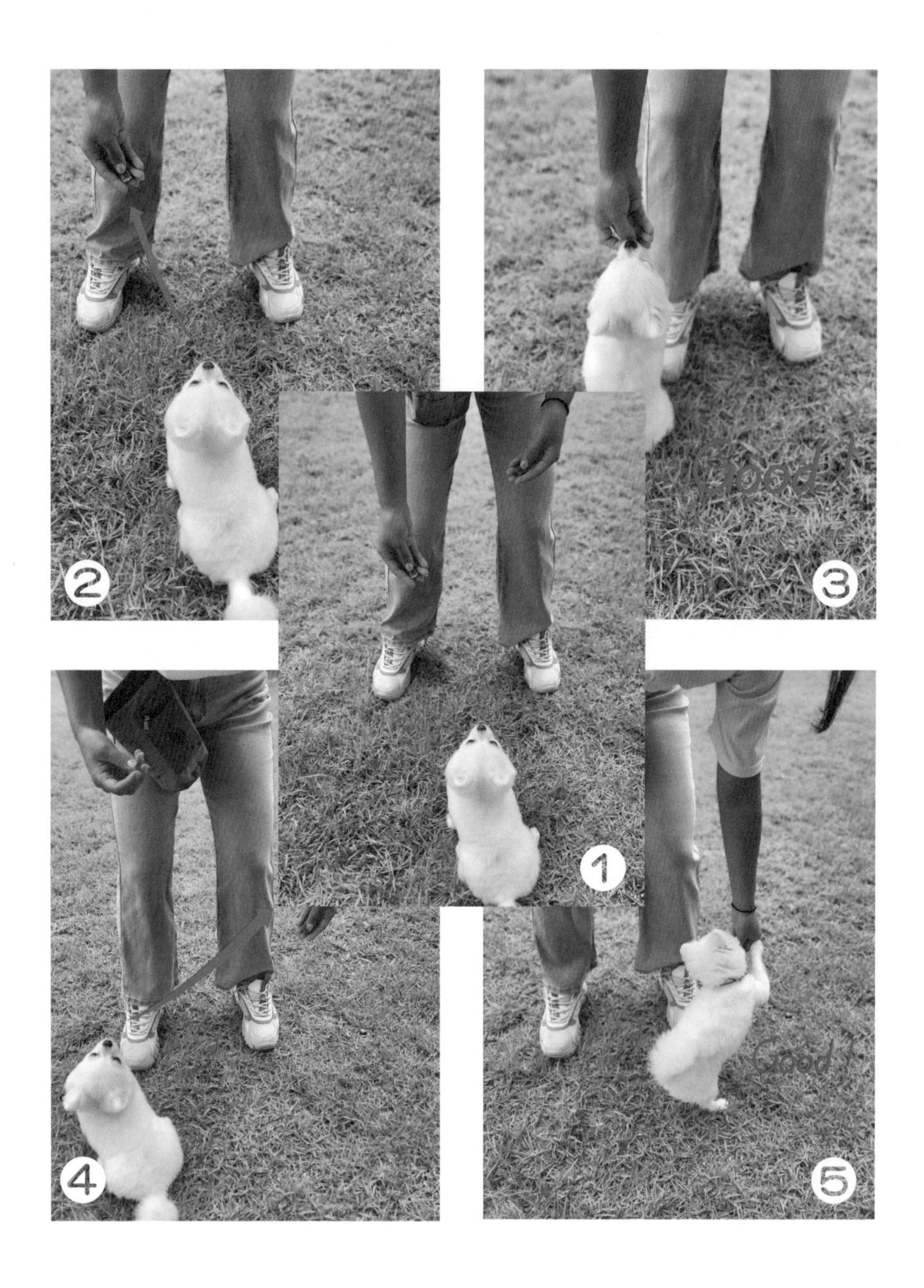
2
Good!
3
1
4
Good!
5

- 위 훈련은 움직임이 없이 고정자세로 실시하는 것이 좋다.
- 고정자세로 핸드 포커스 집중 훈련이 끝났다면 두 번째는 앞, 뒤, 회전 등 이동하면서 실시한다.
- 훈련견(반려견)과 앞으로 이동시 견(犬)의 코에서 적당한 위치에 먹이, 간식, 공 등을 위치한다. 먼 거리를 보행하는 것이 중요한 것이 아니라 경쾌하고 집중하며 걷는 것이 중요 하다. 뒤로 이동시 앞으로 보행보다는 느리고 실수를 하지만 계속 반복하면 좋아진다.
- 회전 90도 180도 360도에서 훈련견(반려견)은 지도수의 왼쪽이나 앞쪽으로 와 집중한다면 먹이나 공을 포상한다.

오른쪽 회전

왼쪽 회전

측면 옆으로

5

Good!
6

㊏ 마우스 포커스 (mouse focus)

마우스 포커스는 오직 먹이로만 집중력을 키우는 훈련이다. 지도수의 입에서 떨어지는 간식을 받아먹으며 집중하게 하는 훈련입니다.

훈련방법

- 처음에는 견(犬)을 지도수의 앞쪽에 위치하게 하고 딱딱하지 않은 간식(햄, 소세지)을 준비하여 입에서 떨어지는 간식을 받아먹게 한다. 개가 완벽하게 받아먹을 수 있게 많은 반복한다.
- 개가 훈련에 숙달되면 지도수가 뒤로 이동하며 입에서 떨어트려 받아먹게 반복하고 근거리에서 "기다려", "와 " 명령어를 해 지도수 앞에서 바짝 붙어 먹이를 받아먹게 한다.
- 마우스 포커스를 완벽하게 성공하였다면 추후에 응용훈련에 많은 도움이 된다.

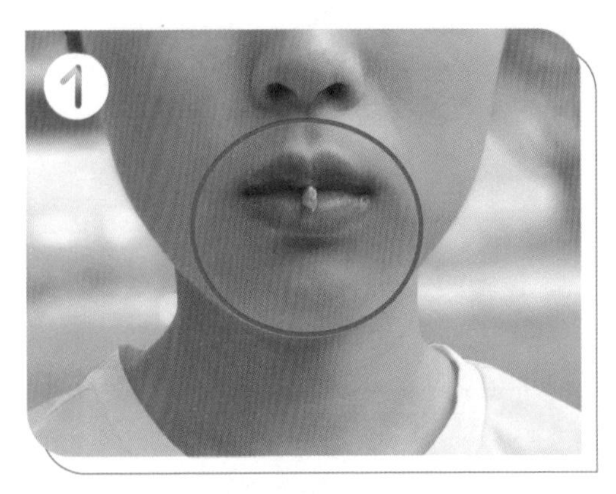

다 넥 포커스 (neck focus)

마우스 포커스는 먹이에 잘 반응하는 견(犬)이 효율적이며. 넥 포커스는 장난감(공, 터그)에 잘 반응하는 견(犬)이 효율적입니다. 가르치는 방법은 마우스 포커스와 동일합니다.

훈련방법

- 처음 넥 포커스를 할때는 자연스럽게 공이 포물선을 그려 견(犬)이 잘 받도록 유도 해준다.
- 포물선을 그려 던진 공을 능숙하게 받게 되면 점점 목으로 공을 유도해 잘 받도록 반복 훈련한다. 공을 목에서부터 떨어트려줄 때 특정한 소리와 함께 떨어트리면 더 효율적이며 특정소리가 들리면 견(犬)이 받을 준비를 하기도 한다.

1

2

3

4
Good!

5

6

개의 시선을 지도사의 왼쪽 겨드랑이에 집중 시키는 훈련으로 전문 지도사가 기초 단계부터 실시하는 훈련입니다. 집중은 겨드랑이지만 본 훈련은 보행 중 올바른 아이컨택을 위한 하나의 트릭입니다. 훈련방법은 앞에서 실시한 훈련 과정과 비슷합니다.

훈련방법

- 견이 지도수의 왼쪽에 위치하고 공을 지도수의 왼쪽 겨드랑이에 고정시켜 특정 신호에 떨어트려 견(犬)이 물게 한다. 지도수는 목표로 생각한 1보… 5보 이동 중 수시로 떨어트려 훈련견이 흥미가 떨어지지 않게 하는 것이 중요하고 훈련견이 떨어진 공을 받았을 시 격하게 큰 소리와 칭찬으로 마무리한다.
- 처음은 직선 코스로 반복 훈련하며 점차 직선과 90도 방향전환, 180도 방향전환, 360도 회전등 여러 보행 동작을 실시한다.

3

4

뒤로

앞으로

돌아

마 처스트 포커스 (chest focus)

암피트 포커스가 끝나고 실시하는 훈련으로 마지막 마무리 단계라고 할 수 있습니다. 처스트 포커스는 아이컨택을 하며 각측보행(보호자와 같이 걷는 걸음)을 하는 훈련방법입니다. 훈련견이 눈을 바라볼 수 있게 유도하는 곳으로 눈에서 가장 가까운 위치에 공을 착용하며 이것을 처스트 포커스라 합니다.

훈련방법

- 왼쪽 가슴 상부에 자석이 부착된 공을 사용하여 둔다.
- 훈련견에게 착용된 리드줄은 항상 팽팽하지 않고 여유 있게 늘어져 있어야 한다.
- 처음 보폭은 많이 걷지 않고 3~8보 걸은 후 암피트 포커스와 동일하게 공을 떨어트려 포상 과 소유욕를 동시에 올려준다.
- 항상 공은 두 개를 사용하고, 공과 터그, 장난감을 사용해도 된다.
- 첫 번째 강화물을 빨리 포기할 수 있게 하는 장남감이 좋다.

처스트 포커스

반려견의 이빨의 명칭과 개수 및 역할

-반려견의 이빨은 앞니, 송곳니, 작은 어금니, 큰 어금니로 나뉜다.

- 앞니(문치)

- 좌우의 송곳니 사이에 있는 비교적 작고 가는 이빨로 먹이를 물어서 자르고 잘게 부수는 역할을 한다.
- 유치는 4~6주에 나오고, 영구치는 12~16주, 앞니의 개수는 위 아래 6개씩 총 12개가 난다.

- 송곳니(견치)

- 가장 크고 날카로운 이빨로 먹이를 잡아서 찢는 역할을 한다.
- 유치는 3~5주에 나오고, 영구치 12~16주 개수는 위아래로 2개씩 총 4개가 난다.

- 작은 어금니(소구치)

- 송곳니 뒤쪽에 나며 먹이를 물어서 자르는 역할을 한다.
- 유치는 5~6주에 나오고, 영구치 16~20주 개수는 위아래 8개씩 총 16개(유치는 위아래로 3개씩, 총 12개)

- 큰 어금니(대구치)

- 절구처럼 음식을 갈아 부수거나 물어서 쪼개는 역할을 한다.
- 유치는 안난다. 영구치 16~24주에 나오며 개수는 위 좌우 2개씩, 아래 좌우 3개씩 모두 10개가 난다.

4. 기초 보행 훈련

01 각측 보행

각측 보행은 사람의 보행속도에 맞춰 견(犬)과 호흡을 맞추는 훈련이며, 기본훈련에 속합니다. 각측 보행은 반려견이 가족의 구성원으로 함께 생활하기 위해 행해져야하는 훈련입니다.

기본적인 훈련이지만 각측 보행 훈련을 통해 지도수로서의 자질과 응용능력 등을 향상시킬 수 있습니다. 하지만 보행훈련은 쉬운 난이도이면서도 지도수 입장에서는 신경을 써야하는 부분이 많아 까다로운 훈련이기도 합니다. 이 훈련이 제대로 수행되지 않았을 경우에는 어린이나 노약자, 여성분은 산책이나 운동 등을 수행하는 데 제한과 위험이 따를 가능성이 높습니다. 예를 들어 반려견이 통제가 되지 않아 반려견에게 보행자가 끌려다니며 각종 사고 위험에 노출이 되는 것입니다. 위와 같은 이유로 각측 보행훈련은 반려견의 사회화시기에 필수적으로 진행하는 것을 권장 드립니다.

최근 들어 반려견 가구가 증가함에 따라 산책 시 안전의 중요성이 더욱 중요해지고 있지만, 안전한 산책 문화를 책임질 수 있는 반려견 훈련의 필요성에 대한 인식은 저조한 상황입니다.

또한, 반려견 훈련을 진행한다고 해도 시간과 인내가 요구되는 과정이기 때문에 지도수는 인내하는 자세를 갖춰야 합니다. 인내의 결실은 안전한 반려견 문화를 형성하는 데 큰 기여가 될 것이기 때문에 성숙한 반려인이라는 자부심을 갖고 훈련에 임하신다면 지난한 과정을 견(犬)뎌내는 데 도움이 될 것입니다.

02 각측 보행 훈련방법

훈련 전에는 견(犬)의 크기나 특성에 맞춰 간식의 양과 사이즈를 준비해야합니다.

각측 보행 훈련을 임할 때의 자세는 견(犬)의 크기에 따라 지도수의 자세에 변화를 주는 것이 좋습니다. 중형견과 소형견을 훈련시킬 때 지도수가 기본적인 자세를 취한다면 견(犬)의 관점에서 사람의 얼굴이 지나치게 높게 인식됩니다. 이러할 경우에는 견(犬)은 불안감을 느끼게 되어 지도수의 통제를 벗어날 가능성이 있습니다. 또한 중형견과 소형견을 훈련시킬 때는 지도수 몸높이를 견(犬)의 크기에 따라 맞춰야 합니다. 지도수는 무릎을 굽혀 견(犬)과의 아이컨택 거리를 좁힐 수 있습니다. 이 때 주의해야하는 점은 지나치게 낮은 자세나 앉아버리는 동작은 삼가는 게 좋습니다. 훈련을 진행할 때는 강압적인 분위기는 아니더라도 적당한 긴장감은 유지되어야 합니다. 지도수와 견(犬)의 거리가 지나치게 가까울 경우에는 긴장감의 부재로 견(犬)이 어리광을 부리거나 훈련과는 관련없는 동작으로 훈련에 방해가 될 수 있기 때문입니다. 추가적으로 보행훈련 시에는 먹이주머니를 활용하여 간식을 통해 견(犬)의 행동을 유도하며 진행하는 것이 효율적이니 먹이주머니를 준비해주시면 됩니다.

첫 번째, 견(犬)과 지속적으로 아이컨택을 진행하는 상태에서 리드줄은 과도하게 힘을 주거나 잡아당기는 동작은 지양하시는 편이 좋습니다. 리드줄로 과도한 힘을 활용하여 훈련하게 될 경우는 견(犬)이 두려움과 공포를 느껴 훈련에 대해서 부정적인 인식이 형성될 수 있고, 최근에는 문화가 발전함에 따라 견(犬)의 자발성을 활용한 훈련이 일반적인 훈련으로 자리잡아가고 있기 때문입니다.

두 번째, 리드줄은 견(犬)의 가슴부위까지 늘어질 수 있도록 느슨하게 잡아줍니다. 이 때 간식을 통해 견(犬)의 행동을 유도해나가며 훈련을 시작합니다. 이 상황에서 주의해야할 점은 한 걸음마다 간식으로 보상을 취해주는 것입니다. 보상의 텀이 짧아야 견(犬)의 집중도가 올라가고, 견(犬)을 통제할 수 있기 때문입니다.

더불어서 견(犬)이 움직이기 시작할 때나 견(犬)이 앉아있는 동작에서 "따라" 또는 "가자"등의 명령어를 사용하여 훈련의 시작 타이밍을 잡아주시면 됩니다.

훈련 초반에는 견(犬)과 호흡을 맞추는 데 시간이 많이 소요가 될 것입니다.

지도수와 견(犬)의 걸음 속도를 맞춰나가는 과정에서 보상의 텀은 짧게 하여 견(犬)이 이 과정에서 흥미를 느낄 수 있게 합니다. 이 과정은 견(犬)에게 호흡을 맞춰야 보상이 이뤄지고 먼저 앞으로 이동한다고 해도 의미가 없음을 인지시켜주는 것이 핵심입니다. 이러한 과정이 제대로 견(犬)에게 인지가 되었다면 견(犬)은 사람보다 앞서가거나 끌고 가려는 행동을 하지 않습니다.

03 예외적인 경우

예외적인 경우에는 훈련이 힘든 경우도 있습니다. 견(犬)의 사회화 시기가 지난 성견이거나, 외부에서 간식에 대한 관심보다 외부 물체에 대한 관심이 현저히 높을 경우가 이에 해당됩니다.

이러한 예외적인 경우일 때 해결책은 경우에 따라 나뉩니다. 사회화가 지난 성견은 아이컨택 훈련으로 돌아가 기초훈련부터 차근차근 다시 진행하는 편이 좋습니다. 아이컨택 훈련을 반복하며 견(犬)과의 교감을 통해 신뢰도를 쌓는 기간을 갖는 시간이 필요하기 때문입니다.

두 번째에 해당하는 외부 물체에 대해 관심도가 큰 경우에는 의도적으로 외부 물체에 대한 관심을 순간적으로 제거하는 것입니다. 견(犬)과 각측보행 훈련 시에 다른 물체에 관심을 보일 경우 방향을 정반대로 바꿔준다면 강아지의 시야는 변화하게 되어 견(犬)은 지도수에게 집중하게 됩니다. 이 때, 지도수는 견(犬)이 지도수의 옆에 왔을 때나 집중한 상황에서 견(犬)에게 포상을 주어 이 상황에서 칭찬을 받는다는 것을 인지시켜주면 됩니다.

04 훈련 Tip!과 주의사항

가 훈련 Tip

각측보행 훈련 시에 기본이 되는 것은 견(犬)이 지도수 옆에서 차분하게 지도수에게 집중되어야 합니다. 그렇다면 이 상황이 만들어졌을 경우에는 견(犬)에게 칭찬해주어 인지시킨다면 훈련을 진행하는 데 수월할 것입니다. 반대로 이 상황과 반대되는 경우에는 교정을 통해 올바른 상황이 아님을 인지시켜주는 것이 필요합니다.

위의 구체적인 상황은 산책 시에 지도수의 지인등을 만났을 때에 견(犬)이 지도수 옆에서 차분하게 앉아있거나 제자리에 위치해있다면 포상을 주어 규칙을 인지시켜주는 것이 좋습니다.

이와 반대로 지인을 만났을 때 견(犬)이 지도수보다 약 30cm 앞으로 나가있거나 지도수와의 안전한 범위를 이탈했을 시에는 교정을 하여 올바르지 못한 상황임을 인지시켜주면 됩니다.

각측 보행 훈련을 진행하면서 지도수가 편의상 각 단계 등을 건너뛰어 훈련을 진행하는 경우도 있습니다. 보행 시 보상 텀이 긴 경우, 견(犬)과 아이컨택이 진행되지 않는 경우, 지도수의 자세가 올바르지 않은 경우 등이 해당됩니다.

하지만 이러한 규칙 등을 무시한 훈련 등이 지속될 경우에는 견(犬)이 뒤로 쳐지거나 지도수를 앞서 나가는 등은 좋지 않은 습관이 형성되게 될 가능성이 있습니다.

견에게 이런 안 좋은 습관이 형성되게 되면 교정하는 시간이 따로 필요하거나, 교정이 힘들어질 수 있어 번거롭고 불편하더라도 훈련 규칙을 준수하여 훈련을 진행하는 것을 권장 드립니다.

그리고 지도수의 위치보다 견(犬)의 위치가 앞섰을 경우에는 견(犬)의 진행 방향을 어바웃 턴을 통해 방향을 전환해주어 견(犬)이 원하는 방향대로 진행되지 않는 것을 인지시켜주는 작업이 필요합니다. 이를 반복적으로 시행하고, 이를 성공적으로 수행했을 때는 충분한 포상을 내립니다. 이 교정 과정에서 견(犬)이 지도수를 앞 섰을 경우에 "뒤로"라는 명령어를 통해 동작이 교정될 수 있게 잡아줍니다.

훈련 경기 대회를 나가기 위해 꼭 알아두어야 할 점

실격사유와 감점사유

• 실격사유

- 반려동물 미등록자는 실격처리 한다.
- 시험 규정 미숙지자는 경고 및 실격처리 한다.
- 전염성 질병이 의심시 검사 후 실격처리 한다.
- 시험 규정 부정행위(주머니 안에 먹이 or 장난감 소지)시 실격처리 한다.
- 참가견의 공격성 우려시 실격처리 한다.
- 시험장 안에서 테스트 중 대회장 밖으로 나가면 실격처리 한다.
- 시험 과목별 부분적으로 시험장 안에서 배변 · 배뇨 시 감점 및 실격처리 한다.
- 시험도중 이탈시 명령어 3회 불응시 더 진행하지 않고 실격처리 한다.
- 참가견의 이유 없는 짖음 및 다른견을 공격시 실격처리 한다.
- 시험관의 평가에 이의를 재기할 경우 영구적으로 참가가 불가능하다.
- 규격에 맞는 용품 착용, 체인&목줄 착용 방법에 따라 실격처리 한다.
- 지도수가 참가견을 강제성을 가지고 컨트롤하면 실격처리 한다.

• 감점사유

- 지도수가 명령어를 남발할 때
- 지도수의 명령어와는 다르게 참가견이 상반된 자세를 취할 때
- 테스트 진행시 불안해하는 모습 및 산만한 행동을 보일 경우
- 테스트 시작 지점에서 지도수가 참가견을 컨트롤 하는 능력이 부족할 때
- 명령어에 임하는 참가견의 속도 및 자세가 흐트러졌을 때
- 지도수가 테스트 종목의 동선 및 과목 숙지 능력이 부족할 때
- 지도수가 테스트 중 동작의 연결성 없이 리듬이 끊어질 때
- 테스트 종료 후 시험관의 평가에 지도수가 간과할 때

PART 2

반려견 응용 훈련

5. 보행 간 앉아

01 보행 간 앉아

반려견 기본예절훈련중의 하나인 보행 간 앉아에 대해 알아보겠습니다. 반려견 기본예절 훈련중에 아이컨택과 각측보행 그리고 보행 간 앉아의 훈련이 숙달이 되었다면, 반려견 산책과 운동 시 수월하게 진행할 수 있습니다.

보행 간 앉아의 훈련은 아이컨택과 각측보행을 기반으로 한 훈련입니다. 견(犬)과 아이컨택이 잘 수행된다면 아낌없이 칭찬으로 포상을 진행하여 견(犬)에게 옳은 행동이라는 것을 인지시켜줘야 합니다. 또 한, 보행이 진행되는 상황에서 지도수가 멈췄을 경우에는 견(犬)도 동시에 멈춰야 하는 것이 기본동작입니다.

보행 간 앉아의 훈련도 다른 훈련과 마찬가지로 먹이주머니의 준비가 필요합니다. 견(犬)의 시야에서 먹이주머니가 확보된다면 견(犬)의 반응도가 올라갈 가능성이 높습니다. 아이컨택과 각측보행 훈련과 마찬가지로 보상은 짧은 텀인 한 걸음씩 이동할 때마다 이뤄지는 것이 좋습니다. 한 걸음씩마다 이동하며 훈련하는 것이 숙달된다면 반려견이 먼저 앞서거나, 통제가 안 되는 상황이 발생할 가능성이 낮습니다.

보행 간 앉아의 훈련이 진행될 때는 견(犬)과 교감이 잘 이뤄질 수 있도록 음성언어와 스킨십 그리고 칭찬 등을 잘 활용하여야합니다. 숙달되기 전에는 견(犬)이 앉는 동작이나 서는 동작 등을 행했을 때마다 칭찬을 하여 동기를 북돋아주는 것이 좋습니다. 경직된 훈련보다 활기찬 분위기에서 훈련이 이뤄지는 것이 견(犬)의 입장에서 지도수의 긍정적인 반응을 확인할 수 있어 안정감을 느끼게 됩니다. 이러한 점을 기억하고 적극적으로 활용하시길 바랍니다.

또한, 칭찬의 방법은 견(犬)의 크기에 따라 차이가 있습니다. 소형견의 경우는 부드러운 칭찬으로 소형견이 놀라지 않게 포상이 이뤄져야하며, 대형견은 소형견보다 격하게 칭찬을 하며 사기를 북돋아 주는 것을 권장드립니다.

보상의 간격은 초반에 한 걸음으로 텀이 짧았지만, 숙달의 정도에 따라 걸음걸이를 두 걸음에서 세 걸음의 간격으로 넓혀주시면 됩니다.

훈련이 진행될 때 걸음걸이의 유형은 3가지로 분류됩니다.

1. 천천히 걷는 속도인 완보
2. 일상적으로 걷는 속도인 상보
3. 일상적인 속도보다 빠른 속도에 속하는 속보

보상의 간격과 함께 걸음의 속도도 함께 조절하며 진행해준다면, 어느 상황에서든 견(犬)이 적응할 수 있게 됩니다. 정상적인 훈련의 결과는 지도수가 멈추는 타이밍에 맞게 견(犬)이 지정된 동작을 깔끔하게 마무리되어야합니다.

02 정면 앉아

보행 간 앉아훈련이 완료가 되면 견(犬)이 지도수의의 정면으로 위치하는 훈련이 진행됩니다.

이 때는 먹이주머니와 리드줄도 지도수의 편한 위치에 맞게 조정을 할 수 있습니다.

이 때 한 쪽 발을 앞으로 빼서 견(犬)의 옆쪽에 두는데, 처음 강아지들이 '앉아'를 할 때는 보통 명령어는 알아듣지만 자세가 안 좋은 경우가 더러 있습니다. 한 쪽 골반을 대고 삐딱하게 앉는 자세를 많이 하는데 그렇게 앉았을 땐 바로 자리를 이동해 주거나 견(犬)의 몸이 기울어지는 쪽으로 발을 대 지탱해주시면 골반을 눕히지 않고 자세가 교정됩니다.

03 훈련 Tip

간식을 활용하여 훈련을 반복적으로 진행하다보면, 견(犬)은 칭찬을 받는 과정이 학습되어 간식을 받는 방법을 터득하게 됩니다. 견(犬)이 간식 받는 과정을 이해한 시점에서 견(犬)의 자세를 올바르게 교정하여 훈련을 진행하면 효과적으로 자세를 교정할 수 있습니다. 각측보행 훈련을 하며, 간식이 적합한 타이밍에 주어지는 훈련이 반복적으로 이뤄지면 견(犬)이 스스로 지도수의 몸 옆에 대기하게 됩니다. 이 때 간식을 견(犬)의 코 앞에서 그대로 일직선으로 올리게되면 견(犬)의 시선도 함께 지도수의 얼굴쪽을 향하게 됩니다. 이 과정이 반복적이고 지속적으로 이뤄졌을 경우는 간식이 없는 상태에서도 견(犬)은 지도수에게 아이컨택을 시도하게 됩니다. 이 방식을 반복적으로 훈련하면 지도수의 명령없이도 앉는 동작을 취하게 되고, 스스로 대기하는 습관이 만들 수도 있습니다.

04 훈련 시 주의사항

가 견의 거부반응

훈련이 진행될 때는 견(犬)의 자발성이 중요하다는 것을 언급했었습니다. 견(犬)의 자발성으로 훈련이 이뤄질 수 있도록 지도수는 항시 확인하며 훈련을 진행해야 합니다. 견(犬)의 행동을 통해 훈련의 반응을 확인할 수 있습니다.

자발적으로 훈련에 임하는 견(犬)들은 지도수와 아이컨택을 지속적으로 시도하며, 견(犬)의 꼬리가 활발하게 사방으로 움직이는 동작을 취합니다.

반대로 견(犬)의 거부반응으로는 어떤 동작이 있는지 설명드리겠습니다. 자발적으로 훈련에 임하는 견(犬)의 상태와는 반대로 지도수와 아이컨택이 안 되고, 주의가 산만해지거나 견(犬)의 꼬리가 활발하게 움직이지 않고 말리는 경우가 이에 해당됩니다. 견(犬)이 외부의 사물과 소리에 데미지를 받았거나, 훈련의 동기가 감소되었을 경우 이러한 행동이 나타나게됩니다. 거부반응이 나타날 때는 훈련을 중단하고 견(犬)에게 휴식을 제공하여 훈련 자체에 대해 부정적인 인식이 형성되지 않도록 주의하여야합니다.

㊀ 올바른 간식보상

훈련 시 견(犬)과 호흡이 잘 맞을 경우나 훈련이 미숙할 때 발생할 수 있는 안전사고에 유의하여야합니다. 견(犬)과 호흡이 잘 맞을 경우 포상을 빠르게 진행하다보면 자칫하다 견(犬)이 제대로 간식을 소화하지 못해 목에 걸려 기침을 하는 경우가 발생할 수 있습니다. 그렇기 때문에 항시 견(犬)이 확실히 간식을 소화하였는지 주의를 기울여야합니다.

05 올바른 앉아 자세

견의 오른 견(犬)갑과 지도수의 왼쪽 허벅지 밀착 후 먹이를 견(犬)의 코 앞에 위치시킨 다음 "앉아"라는 명령어와 함께 먹이를 든 손을 견(犬)의 코 위쪽으로 이동 시킨다.

06 바르지 못한 자세

1) 지도수에 집중 하지 않고 산만한 견(犬)

2) 지도수의 왼쪽 허벅지에 밀착 하지 않고 떨어져 앉는 경우

3) 지도수를 앞질러 앉는 경우

4) 지도수보다 뒤에 앉는 경우

5) 견(犬)의 한쪽 골반을 깔고 앉는 경우

6. 보행 간 엎드려

01 보행 간 엎드려

보행 시 훈련 중 견(犬)에게 엎드려의 자세를 훈련하는 방법에 대해서 알아보겠습니다. 엎드려 훈련의 응용으로는 '엎드려, 기다려'와 '하우스, 기다려'가 있습니다.

훈련을 시작하기에 앞서 항시 기존에 배웠던 훈련들을 2~3분정도 진행한 뒤에 새로운 훈련을 진행하는 것을 권장합니다. 이유는 견(犬)에게 기존 훈련도 잊지 않으며 새로운 훈련도 학습할 가능성을 높여주기 때문입니다. 그리하여 이번 엎드려 훈련을 진행하기 전에는 아이컨택과 보행 간 앉아, 칭찬으로 워밍업을 시켜주시고 '엎드려' 훈련을 진행하는 순이 되겠습니다.

가 엎드려 훈련의 point!

견의 엎드려 동작은 지도수의 '엎드려' 명령어에 배와 팔꿈치가 지면에 닿아야 합니다. 아무래도 엎드리는 동작을 처음하는 견(犬)의 입장에서는 동작이 어색하고 동작을 취하는 방법을 모르기 때문에 자세가 한 번에 잡히지 않을 가능성이 높습니다. 그렇기 때문에 견(犬)의 배가 지면에서 떨어질 가능성이 높고, 견(犬)의 시야에 간식이 확보되면 간식에 반응하여 자세가 흐트러질 가능성 또한 높습니다. 이러한 과정은 특수한 상황이 아니고 일반적인 과정이니 지도수가 침착하게 인내하며 견(犬)의 자세를 교정해주며 훈련을 진행하면, 시간이 지남에 따라 자연스럽게 견(犬)이 동작을 익히게 됩니다.

엎드려 동작을 견(犬)에게 충분히 인식시키고 익히게 하기 위해서는 충분한 칭찬을 해주고 다른 훈련보다 동작을 취하는 시간을 길게 잡는 것을 권장합니다. 다른 동작을 훈련할 때는 동작을 취하는 시간이 1초 정도로 매우 짧은 순간이었다면, 엎드려 훈련은 3~5초 정도로 텀을 길게 잡는 것이 중요합니다.

㉯ 엎드려 훈련방법

견을 지도수의 왼쪽에 위치시켜주는 동작이 기본동작입니다. 견(犬)이 앉아있거나 서 있는 동작에서 지도수는 먹이를 견(犬)의 코 위치에서 시작하여 직선방향으로 지면까지 내려 견(犬)이 간식을 따라 엎드려 동작을 취할 수 있게 유도합니다.

올바른 자세

하지만 이 때 지도수들이 가장 많이 실수가 있습니다. 간식을 쥐고 있는 손을 직선방향으로 내려야 하는데 손의 각도가 앞쪽으로 치우치게 되는 경우가 많습니다. 간식을 주는 손의 각도의 많이 기울 경우의 문제점은 추후 '엎드려' 동작을 훈련시킬 때 견(犬)이 점점 앞으로 이동하며 엎드리게 됩니다.

올바르지 못한 자세

견이 앞으로 이동해서 엎드리게 되는 경우가 습관화되면 견(犬)이 통제가 되지 않을 가능성이 높습니다. 그렇기 때문에 잘못된 동작이 나오지 않도록 교정해주어야 합니다. 이러한 순으로 진행되는 훈련은 비효율적이기 때문에 손의 각도를 직선으로 유지할 수 있게 훈련 초반부터 주의하여 진행합니다.

1 반려견과 보행 간 "엎드려" 훈련법
직선으로 코에서부터
내린 후 간식주기

02 정면 엎드려

1 반려견 지도사의 자세와 적성의 이해
① 반려견 훈련의 종합편(테스트)
반복 훈련

정면 엎드려 훈련방법

정면 엎드려의 훈련은 측면 엎드려와 훈련방법은 동일하고 견(犬)의 위치만 변화된 훈련입니다. 정리하자면, 견(犬)이 지도수의 정면에 위치해있을 때 지도수는 간식을 견(犬)의 코 앞에서 직선 방향으로 지면까지 내려주는 방식으로 포상하며 훈련이 진행됩니다.

이 때, 견(犬)이 "엎드린 동작에서 칭찬받는다는 것을 인지"시켜주는 작업이 중요합니다. 견이 엎드린 동작에서 칭찬받는 것에 대한 확신이 없을 경우 간식의 위치에 따라 견(犬)의 동작이 바뀔 가능성이 높기 때문입니다. 예를 들면, 지도수가 포상을 하기 위해 먹이주머니에서 간식을 꺼낼 때 견(犬)이 이를 포착하고 산만해지지는 경우입니다.

견(犬)이 엎드린 동작을 유도하게 할 때도 포상을 하는 것 뿐만 아니라, 엎드린 동작을 취하고 있을 때도 간식으로 포상을 충분히 하여 엎드린 동작에 대한 중요성을 견(犬)에게 확실하게 인지시켜줘야 합니다. 초보자분들은 간혹 견(犬)의 동작이 애매할 때도 포상을 해주는 경우가 더러 있는데, 이는 견(犬)에게 혼란을 야기시키기 때문에 명령어를 정확히 수행했을 때에만 포상이 진행되어야 합니다.

03 훈련 시 주의사항과 Tip!

훈련 초반에는 지도수가 포상 타이밍을 정확하게 잡지 못하고 견(犬)의 애매한 동작에도 포상을 주는 경우가 종종 발생합니다. 비효율적인 훈련이 진행되지 않도록 지도수는 정확한 동작과 포상 타이밍이 정확하게 인식된 상태에서 훈련을 시작해야 견(犬)과 지도수 양측에게 이로운 결과가 나올 수 있습니다.

견의 동작 변화 시

지도수가 칭찬을 하러 가는 도중에 견(犬)이 일어나 산만한 상황에서도 그대로 간식을 주는 경우가 더러 있는데 이 때는 포상이 이뤄지면 안 됩니다.

정면 엎드려 훈련 시에 포상을 해주는 상황에서 견(犬)이 일어났을 때는 '엎드려' 명령어를 다시 내리고 뒤로 잠시 이동한 뒤에 제대로 된 동작을 견(犬)이 취했을 때 포상을 하면 됩니다.

㉯ 견의 잘못된 자세

엎드려 훈련 시에 엎드려 동작을 유인하는 것이 낮은 난이도에 속하지는 않습니다. 그렇기에, 엎드려 동작을 유인할 때 견(犬)이 후지부위가 지면에 닿지 않고 앞부분만 엎드리는 경우가 많이 발생합니다. 이 때에 지도수들이 당황할 수 있지만 조급한 마음을 잠시 가라앉히고 견(犬)들이 제대로 된 엎드려 동작을 취할 때까지 대기하면 됩니다. 그렇게 잠시 대기하면 견(犬)들이 제대로 된 엎드려 동작을 취하게 됩니다. 이 때 타이밍을 놓지지 않고 즉시 칭찬해주시면 됩니다.

훈련이 지난하게 느껴진다고 해서 훈련의 단계를 무시하며 훈련을 진행했을 때는, 그에 따른 문제들이 발생하여 차후에 재교정이 진행되어야 할 가능성이 높습니다. 때문에, 초반부터 제대로 된 훈련을 진행하는 것이 중요합니다.

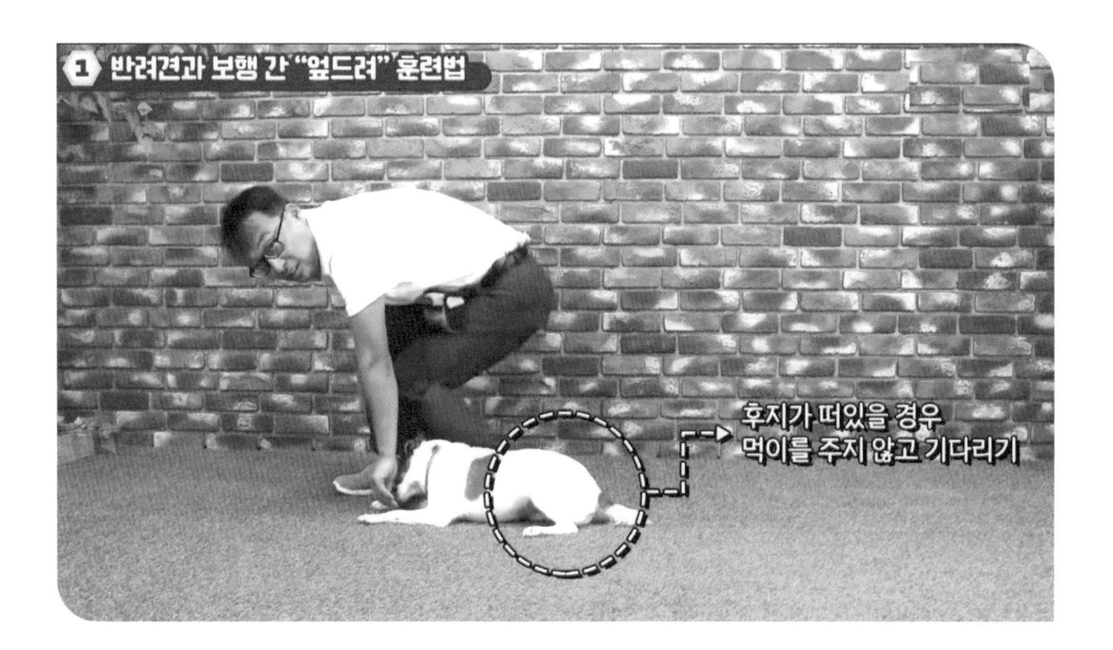

다 훈련 Tip!

모든 훈련은 일방적인 훈련이 되어서는 안 됩니다. 모든 훈련은 견(犬)과의 교감이 전제되어야 진정한 훈련이라고 할 수 있습니다. 견(犬)과의 교감은 스킨쉽을 통해서도 쌓을 수 있는데 견(犬)의 사회화시기부터 스킨쉽이 충분히 이뤄지면 사람들과도 조화롭게 지낼 가능성도 높아집니다.

견이 발톱을 깎는 경우나 미용을 진행할 때 싫어하는 부위를 잘못 건드리게 되면 사람을 무는 사고가 발생하기도 합니다. 하지만 사회화시키부터 스킨쉽을 충분히 해줬을 경우 이에 대한 거부반응이 낮게 나타나기도 하니, 진심이 담긴 스킨쉽은 견(犬)과 사람에게 모두에게 이점을 안겨줍니다.

추가적인 두 번째 팁은, 엎드려 훈련 시에도 동일한 자리에서 3회 이상 반복하는 것보다 짧은 순간이라도 이동을 하며 훈련 하는 것이 견(犬)의 집중도를 증가시킬 수 있습니다.

03 보행간 "엎드려" 올바른 자세

"엎드려" 란 명령어에 그 자리에서 즉시 배를 땅에 밀착하여 엎드립니다.

04 올바르지 못한 자세

1) 지도수 보다 앞질러 엎드린 자세

2) 지도수 보다 뒤처져 엎드린 자세

3) 지도수와 떨어져 엎드린 자세

4) 지도수의 진로 방해

7. 보행 간 서

01 보행 간 서

보행 간 서 훈련은 산책 시에 활용할 수 있는 기본 에티켓 훈련입니다. 보행 간 서 훈련의 효과는 지도수가 견(犬)과 함께 산책을 하고 있는 도중 지인을 만나게 되었을 때 견(犬)이 돌발적인 움직임을 하지 않고 지도수의 명령이 있을 때까지 대기할 수 있습니다.

㉮ 훈련의 point!

이 훈련은 기본 에티켓 훈련(아이컨택과 각측보행 그리고 앉아 및 엎드려 훈련 등)이 잘 숙달되어 있는 견(犬)은 다른 에티켓 훈련과 구분되어 익숙해지는 시간이 필요합니다. 전에 배웠던 에티켓 훈련이 잘 숙달되어 있는 견(犬)들은 지도수의 보행이 멈추었을 때 앉는 습관이 배어있을 가능성이 높습니다. 지도수가 보행을 멈추었을 때 견(犬)이 앉아 있을 때 포상을 주어 앉아 있는 것에 대한 긍정적인 인식이 자리잡았기 때문입니다. 그래서 "서~"라는 명령어와 "앉아~"라는 명령어를 구분을 할 수 있도록 차이를 주며 훈련이 진행되어야 합니다.

명령어의 차이를 통해 견(犬)이 지도수가 다른 명령을 지시내리고 있다는 것을 인식시켜주기 위함인데 차이를 두는 방법은 억양에 차이를 두는 것입니다. 기존에 "앉아"라는 명령어를 단호한 톤으로 지시를 내렸다면 "서~"의 명령어는 기존 "앉아" 명령어보다 부드러운 톤과 낮은 높이의 목소리로 지시를 내리면 견(犬) 입장에서 차이를 인식할 수 있습니다. 미묘한 차이를 인식시켜야하는 훈련이라 신경을 많이 써야하는 훈련입니다. 하지만, 이 훈련 또한 다른 훈련과 마찬가지로 미묘한 차이를 인지할 수 있게 반복적으로 견(犬)에게 인식시켜준다면 좋은 결과물로 보답을 얻을 수 있습니다. 명령어의 톤과 작은 목소리 그리고 적합한 포상 타이밍을 잊지 않는 것이 매우 중요합니다.

지도수입장에서도 까다롭고 부담스러운 훈련일 수 있겠지만, 견(犬)의 입장에서도 미묘한 차이를 인식하는 과정이다보니 예상하는 만큼 숙달되지 못하더라도 인내를 하며 긍정적인 분위기에서 훈련이 진행되어야 합니다. 항상 강조하듯 훈련은 위압적인 분위기를 통해 이뤄진다면 단기간 내에는 효과가 만들어지는 것 같지만 장기적으로는 견(犬)에게 부정적인 인식을 심어주어 해로운 영향을 끼칠 가능성이 높기에 지도수의 깊은 인내가 요구됩니다.

㉯ 보행 간 서 훈련방법

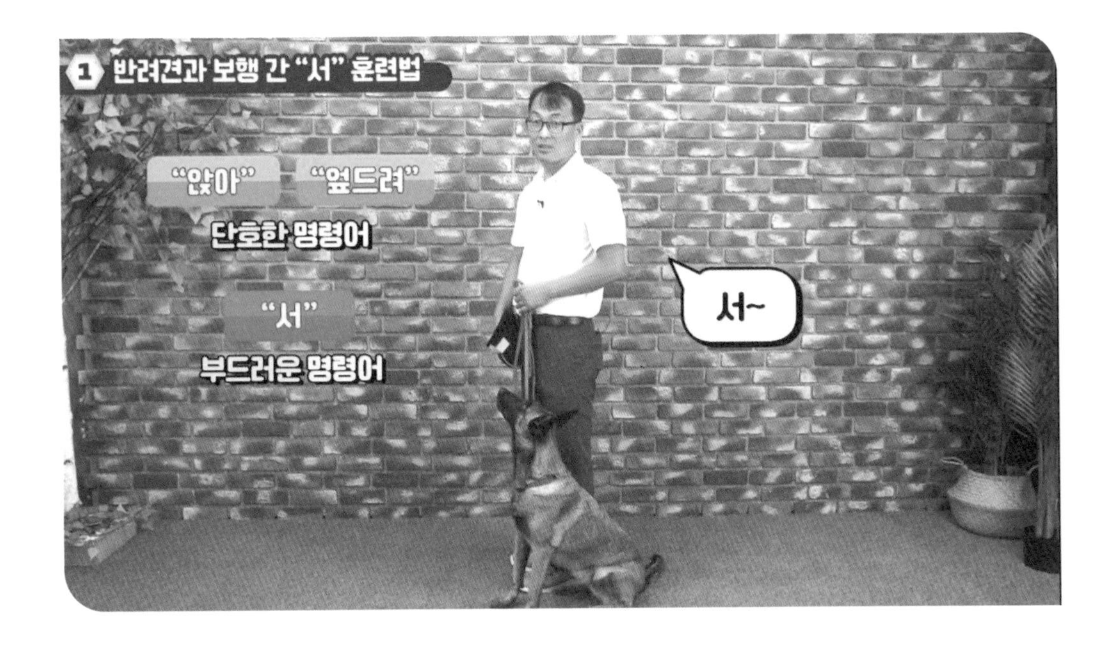

견이 지도수의 왼쪽 편에 위치 했을 때 "따라"로 보행 명령을 내리며 보행을 시작합니다. 보행이 시작되고 지도수는 천천히 보행 속도를 멈추며 부드러운 어조로 "서~"명령어를 지시합니다. 이 때 강아지가 보행을 멈추었을 시에 타이밍을 놓치지 않고 간식으로 포상을 하여 견(犬)에게 "서~"의 동작에 대한 인식을 심어줍니다. 명령을 수행하지 못 했을 경우에는 아무 행동도 취하시지 않으면 됩니다.

견이 명령어를 잘 수행했을 경우는 칭찬을 통해 보상을 진행해주고, 명령어를 수행하지 못 했을 경우에는 무관심으로 대응하시면 됩니다. 이 때 관심을 주지 않는 대처방법을 벌이라는 개념으로 사용되기도 합니다. 이 때의 벌은 일반적으로 강제성의 성격을 띤 벌이 아닌, 칭찬의 반대개념정도로 이해해주시면 됩니다. 명령어를 수행하지 못했을 때 무관심으로 일관하여 견(犬)에게 올바른 행동이 아님을 간접적으로 인지시켜주는 과정입니다.

그리고 명령어를 잘 수행하지 못했을 때, 다시 재훈련을 진행하면 됩니다. 예를 들어 "서"의 명령어에 견(犬)이 앉을경우는 즉시 위치를 바꿔 다시 "서" 명령을 지시하며 반복 훈련을 진행하면 됩니다. 보행 간 서 훈련이 반복적으로 진행될 경우는 견(犬)이 동작 성공률이 높아지게 됩니다. 지도수의 "서~"명령어에 견(犬)이 정확한 동작을 수행하는 성공률이 높아지게 되면 지도수는 부드러운 어조에서 단호한 어조로 변화시켜 나갈 수 있습니다.

위의 훈련들은 강제성 없이 견(犬)의 자발적인 동기를 활용하여 가능한 영역입니다. 견(犬)의 식욕을 활용한 훈련이 잘 수행된다면, 다음 단계에서는 소유욕을 활용한 공 훈련으로 넘어갈 수 있습니다.

다 보행 간 서 훈련 Tip!

훈련이 마무리 되었을 때 "서" 명령어를 정확하게 인식을 했는지 확인하는 방법은 보행 중 "서"와 "앉아"를 모두 명령해보는 것입니다. 이 구분을 통하여 훈련의 결과를 판단할 수 있여 숙달정도에 따라 보충훈련등으로 보완을 하시면 됩니다. 이 마무리까지 잘 수행했다면 견(犬)에게 수고와 칭찬의 의미로 스킨쉽을 해주셔도 좋습니다.

02 올바른 보행 간 서 동작

견이 지도수의 왼쪽 허벅지에 밀착해서 당당하게 사지로 서있는 자세

03 바르지 못한 보행 간 서 자세

1) 지도수 보다 뒤에 있는 경우

2) 지도수 보다 앞에 있는 경우

3) 지도수의 왼쪽 허벅지에 밀착하지 않고 떨어져 있는 경우

8. 보행 간 기다려

01 보행 간 기다려

보행 간 기다려 훈련을 시작하기 전에 이전의 아이컨택, 각측보행, "앉아", "서" 등의 훈련 등으로 워밍업을 진행해주실수록 훈련이 누적학습 되어 훈련효과가 좋습니다.

기본 에티켓 훈련에 해당하는 보행 간 기다려는 견(犬)과 지도수 사이의 믿음을 전제로 한 훈련입니다. 보행 간 기다려 훈련의 목표는 지도수가 일시적으로 견(犬)을 보호하지 못할 때 안전사고를 미연에 방지하기 위해 견(犬)이 한정된 시간동안 지도수에게 집중시키는 훈련입니다.

훈련과정에서는 리드줄을 사용하여 훈련이 진행되지만, 훈련이 숙달되었다면 리드줄이 없이도 견(犬)이 일정한 시간동안 아무 행동도 하지 않고 지도수에게 집중을 해야 합니다.

최종 목표에 도달하기 위해서는 훈련 단계를 지도수 임의대로 생략하는 일이 되도록 없는 편이 좋습니다. 훈련 단계들을 지도수 임의대로 생략할 경우에는 견(犬)과 지도수사이의 신뢰가 쌓이지 않을 가능성이 높아 실전에서 견(犬)이 지도수의 통제 범위에서 벗어날 가능성이 높습니다. 실제로 지도수는 성공적인 훈련이라고 판단을 하여 산책 시에 리드줄 없이 견(犬)에게 "기다려"의 명령어를 수행했지만, 견(犬)은 지정된 공간에서 벗어나는 경우가 잦습니다. 그런 경우에는, 훈련 처음부터 재훈련이 수행되어야하기에 비효율으로 시간이 사용될 수 있고 이 때 잘못 형성된 습관을 교정하는 과정도 견(犬)과 지도수 모두에게 지칠 수 있는 과정입니다. 훈련 전문가들도 훈련 단계를 지켜가며 훈련하는 이유는 그 과정이 제일 신속한 훈련 과정이기 때문일 것입니다.

가 "기다려" 훈련 Tip

보행 간 기다려 훈련은 전의 기본에티켓 훈련단계를 지난 다음의 훈련단계입니다. 견(犬)과 지도수의 교감이 충분히 이뤄지고, 기초적인 훈련을 수행할 수 있는 정도에서 효과적으로 "기다려" 훈련이 수행 될 수 있기 때문입니다.

이전의 훈련들이 잘 숙달되어 있더라도 "기다려" 훈련을 진행하는 과정에서 견(犬)들은 실수를 많이 행할 수 있습니다. 그만큼 견(犬)들에게는 일정한 시간동안 모든 동작을 멈추는 과정은 익숙해지기 힘든 과정입니다. 그렇기에, 이 부분을 지도수는 이해하고 인지한 상태에서 훈련이 시작되어야 견(犬)들의 실수를 용인하고 차근차근 훈련을 진행할 수 있을 것입니다.

단, 견(犬)들의 실수를 용인하라는 것이지 견(犬)들의 실수를 교정하지 말라는 의미는 아닙니다. 견들이 지도수의 명령어에 제대로 수행하지 못했을 때는 교정을 통하여 올바른 동작을 인지할 수 있게 교정 작업이 반드시 필요합니다.

나 "기다려" 훈련방법

"기다려" 훈련법은 견(犬)을 정면에 앉게 한 뒤에 "기다려" 명령어를 내립니다. 그리고 지도수는 반 보 정도 뒤로 물러나는데, 이 때 리드줄은 팽팽할 정도의 탄력을 줘야 합니다. 이 때 리드줄이 팽팽할 정도의 탄력이지만, 견(犬)에게는 힘이 가해져서는 안 되고 지도수는 정자세를 취해야합니다.

"기다려" 훈련은 짧은 시간 기다리는 "앉아, 기다려"와, 긴 시간 기다리는 "엎드려, 기다려" 2가지로 구성됩니다. 이것을 "휴지"라는 명칭으로 지칭하기도 합니다.

"기다려" 훈련을 충실히 견(犬)이 해냈을 때 포상을 주는 방법은 리드줄을 팽팽하게 유지하며 견(犬)에게 이동하여 간식으로 포상을 내려주면 됩니다. 이 때, 급하게 전진하시는 것을 주의해야 하는데, 급하게 전진하는 순간 리드줄이 느슨해져 견(犬)의 동작이 흐트러질 수 있기 때문입니다.

그 뒤에, 지도수는 3초정도 기다린 뒤에 견(犬)이 그대로 앉아 있다면 간식으로 포상을 진행하면 됩니다. 이 과정을 반복하며 대기하는 시간을 단계별로 늘려가며 견(犬)에게 대기하는 법을 인지시켜주는 것입니다.

짧은 거리와 3초 이내에서 훈련을 시작해서 견(犬)이 이 과정이 숙달되면 점차 거리와 시간을 늘려가는 것입니다. 여기서 중요한 점은 일정한 범위내에서 시간과 거리를 늘려가는 것이지, 중간단계를 무시하고 짧은 거리에서 단번에 장거리로 단계를 생략하시는 것을 유의하시기 바랍니다.

또한, 동일한 장소에서 반복적으로 훈련하면 견(犬)이 지루함을 느껴 훈련에 대해 부정적인 인식으로 자리잡을 수 있으니 위치를 바꿔가며 훈련을 진행하시는 것이 좋습니다. 동일한 훈련이 2~3번을 반복한 뒤에는 견(犬)을 지도수 쪽으로 부르면서 위치를 이동해 견(犬)의 기분 전환을 시켜준 뒤 다시 "앉아, 기다려"를 명령어를 내리며 훈련을 진행하면 됩니다. 이때, "기다려"를 할 때 견(犬)과 지속적으로 아이컨택을 한 상태로 시간을 늘려가며 칭찬해주시는 점도 잊지 않고 진행해주시면 됩니다.

정면에서 "기다려"가 숙달되면 위치를 바꿔 여러 방향에서 훈련을 진행해주는 것이 좋습니다. 정면 훈련이 잘 숙달되었다면, 견(犬)과 지도수와의 간격이 있는 상태에서 반 바퀴 자리를 옮겨 다른 방향에 있어도 움직이지 않는 응용훈련을 진행하면 됩니다. 이때, 지도수가 자리를 잡은 뒤에 견(犬)의 리드줄을 잡아야지만 견(犬)이 일어날 수 있게 훈련이 이뤄진다면, 견(犬)은 이 과정에서 한번 더 기다려 동작에 대해 인지하게 됩니다.

㉰ 훈련 주의사항

지도수는 훈련과정에서 훈련과 관련된 동작 이외에 불필요한 동작을 삼가야합니다. 예를 들어, 훈련과 관련없는 머리를 만지는 동작이나 옷을 정리하는 동작등이 있는데 이러한 동작은 견(犬)에게 혼란을 불러올 수 있습니다. 지도수 손의 움직임을 보고 간식을 기대하게 되어 견(犬)의 동작이 흐트러질 수 있습니다.

만약 지도수가 견(犬)에게 오해를 일으키는 불필요한 동작을 취해서 견(犬)의 동작이 흐트러지거나 산만해졌다면, 즉시 교정해주셔야 합니다. 시간이 지나 교정을 하게 되면 시간과 노력을 낭비하게 되고, 교정을 하기도 어려워집니다. 그렇기에 "기다려" 훈련을 할 때는 정자세로 있거나, 먹이주머니에 손을 얹어놓으시는 동작을 취하는 것을 권장합니다.

그리고 훈련이 숙달 된 후에 실전에서 "앉아, 기다려"의 명령어가 끝났을 때 견(犬)을 사람 쪽으로 불러 동작을 마무리하고, "엎드려, 기다려"의 훈련이 끝났을 때는 견(犬)을 부르지 않고 지도수가 견(犬)에게 직접 다가가는 형식으로 동작을 마무리합니다. "엎드려, 기다려"의 훈련 때는 견(犬)을 부르지 않고 지도수가 다가가는 이유는 견(犬)이 아무동작을 취하지 않고 엎드려서 기다리는 상태에 대해 깊이 각인을 시키기 위함입니다.

9. 기초 보행 훈련

01 "와"

가 "와"

기본에티켓 훈련에 속하는 "와" 훈련은 견(犬)의 사회화시기에 훈련이 행해져야 안전한 산책과 안전한 생활을 영위할 수 있습니다.

"와" 훈련은 성견이 될수록 훈련의 효과가 감소하게 됩니다. 이는 견(犬)과 지도수와의 평상 시 관계에서 지도수에게 견(犬)이 가깝게 접근을 해도 칭찬과 같은 포상을 받지 못한 경험이 누적된 결과이기도 합니다. 견(犬)과 지도수와 스킨쉽과 교감이 적은 상태로 이어질 경우는 신뢰도도 낮게 형성될 수밖에 없습니다. 그래서 "와" 훈련은 시기가 중요한 훈련입니다.

지도수가 통제할 수 없는 범위에 견(犬)이 위치해 있을 경우에 지도수의 "와" 명령어를 통해 견(犬)이 지도수의 통제 범위 내로 이동해 각종 안전사고를 미연에 방지하는 것이 이 훈련의 목적입니다.

특히, 거주지가 아닌 외부에 있을 때 "와" 훈련의 중요성이 두드러집니다. 공원이나 공공시설 이용 시 "와" 훈련이 되어 있지 않다면, 다른 외부 물체나 사람에게 견(犬)의 관심이 집중되어 안전사고가 발생할 수 있기 때문입니다.

그렇기에, "와" 훈련은 거주지에서도 안전사고를 예방하는 역할을 하지만, 외부인들과 접촉할 수 있는 외부공간에서 더욱 중요하고 필수적인 훈련이며, "와" 훈련의 정식명칭은 초호입니다.

나 "와" 훈련 Tip!

"와" 훈련은 견(犬)이 지도수와 물리적인 간격이 떨어져 있는 상태에서 견(犬)이 지도수에게 이동하는 동작을 취할 때 충분한 포상이 이뤄져야 합니다. 지도수에게 견(犬)이 접근할 때 칭찬을 받고, 사랑받고 있음을 인지시키기 위함입니다.

다 "와" 훈련방법

"와" 훈련이 성공적으로 된 경우는 지도수가 "와"의 명령어를 취했을 때 견(犬)이 즉각적으로 정확한 위치에 이동했을 때입니다. 이동하는 중간에 외부 물체에 반응을 하거나 시간이 지체되었을 때는 지도수는 즉시 견(犬)의 잘못된 동작을 교정해주어야 합니다.

처음 훈련을 시작할 땐 리드줄을 사용하여 견(犬)의 방향성을 일정하게 잡아주도록 합니다. 견(犬)과 지도수가 일정한 간격을 두고 위치해있을 때 견(犬)이 지도수에게 이동하는 과정에서 사선으로 오거나 방향이 틀어질 때 방향을 교정해주기위한 용도입니다.

견이 직선으로 이동해 지도수 정면에 앉으면 지도수는 배꼽 쪽에 먹이를 쥔 손을 두고 왼쪽으로 견(犬)을 유도합니다. 그리고 견(犬)이 옆에 위치했을 때도 간식이나 칭찬으로 포상을 진행합니다. 이로써, "와" 훈련이 마무리 되는 것입니다. 이를 위치를 이동해가며 반복학습을 하여 명령어에 맞추어 동작이 숙달될 수 있도록 훈련합니다.

또한, 견(犬)이 지도수에게 가까운 위치까지 접근했다면 지도수는 자세를 낮춰 견(犬)과 아이컨택을 하며 칭찬과 간식으로 포상을 내려줍니다. 이 때 목소리는 경쾌하고 밝은 톤으로 진행해주시는 것이 견(犬)에게 활기를 북돋아 줄 수 있습니다. 제대로 이 과정이 반복된다면 견(犬)은 지도수에게 이동하는 동작에 대해 긍정적으로 인식하게 되고, 이는 좋은 훈련 성과로 이어집니다.

라 "와" 주의사항

또한, "와"훈련을 진행할 때는 지도수의 목소리가 밝고 활기를 띈 목소리로 진행이 되어야 합니다. 이유는 지도수 목소리에서 위압적인 분위기가 감지될 경우에는 견(犬)이 두려움을 느껴 훈련 내용을 제대로 수용하지 못할 가능성이 높습니다.

추가적으로 주의해야 하는 점은 견(犬)이 명령어를 제대로 수행하여 옆에 위치했거나 이동했는데도 불구하고 지도수가 관심을 보이지 않거나, 포상을 주지 않도록 항시 유의해야합니다. 행동을 강화하는 훈련을 진행할 때는 지도수의 일관적인 행동이 요구되며, 견(犬)에게 혼란을 야기시키는 것을 지양해야합니다.

위와 같은 방식으로 훈련이 반복적으로 진행된다면, 견(犬)에게는 지도수 옆으로 이동하거나 위치할 때는 항상 좋은 일이 발생하고 칭찬을 받는다는 인식이 생겨 "와"의 명령어에 맞추어 동작을 행하게 되는 것입니다.

 "와" 훈련이 안 되는 경우

"와" 훈련이 어려운 경우 중의 하나는 사료 배분 방법 때문이기도 합니다. 자율적인 급식으로 언제든 견(犬)이 원할 때마다 급식이 이뤄졌다면 견(犬)은 부족함이 없는 상태이기 때문에 훈련에 대한 참여도가 저조할 수 있습니다. 그리하여, 훈련이 진행되는 시기에는 자율급식보다는 일정한 기준에 맞게 급식을 진행하는 것을 권장합니다. 급식의 비율은 강아지에게 먹이를 줄 때 40% ,훈련을 진행할 때는 60%를 급여하여 배분을 진행하는 것이 좋습니다.

02 올바른 자세

03 바르지 못한 자세

1) 산만한 시선

2) 지도수와 거리두고 앉기

3) 틀어진 골반

04 하우스

가 하우스

"하우스" 훈련을 통해 견(犬)이 공격성을 보이는 상황에서 견(犬)을 크레이트로 이동하여 견(犬)의 공격성을 진정시킬 수 있으며 견(犬)에게 긴급한 상황이 발생했을 시에는 안전하게 이동할 수 있습니다.

특히, 외부물체에 민감하게 반응하는 견(犬)일수록 "하우스" 훈련은 중요해집니다. 외부물체에 민감하게 반응하는 견(犬)들은 "하우스"에 대한 긍정적인 인식이 자리잡게 되면 짖는 행위보다 크레이트 내부로 들어가면 지도수의 관심과 칭찬을 받을 수 있다는 것을 알고 짖음이나 민감한 반응들이 개선되기도 합니다. 견들에게는 크레이트가 익숙해진다면 본인만의 독립적인 공간이 생기는 것이기 때문에 견(犬)의 정서에도 도움이 될 수 있어 여러 면에서 이점이 있는 훈련입니다. 이외에 크레이트는 긴급한 상황이 아닌 일반적인 상항에서도 차로 이동할 때는 크레이트를 사용하여 이동하는 것을 권장합니다.

나 "하우스"훈련 Tip!

크레이트 훈련 과정에서 견(犬)에게 잘못된 인식이 생기면 견(犬)이 크레이트에 대한 거부 반응만 심하게 형성되어 역효과가 날 수 있으니 거부반응이 생기지 않도록 유의해야합니다.

견이 스스로 크레이트에 들어갈 수 있게하는 것이 훈련의 목표이기 때문에 훈련 과정은 즐거운 분위기에서 이뤄져야 합니다. 즐거운 분위기 속에서 훈련이 이뤄진다면 견(犬)이 크레이트 안으로 들어가는 자체를 즐거운 과정으로 인식합니다. 그렇기 때문에 지도수는 견(犬)에게 크레이트 안으로 들어가게 되면 즐거운 일이 생기고 기분 좋아지는 공간이라는 것을 인식시켜주는 것을 목표로 잡으시면 좋습니다.

다 하우스 훈련방법

크레이트 훈련의 목표는 견(犬)이 스스로 크레이트로 들어가게 하는 것입니다. 크레이트 안으로 스스로 견(犬)이 들어가게 하기 위해서는 처음부터 무리하게 훈련해서는 안 됩니다. 견(犬)이 크레이트에 적응할 수 있도록 여유있게 단계별로 훈련을 진행하는 것이 좋습니다.

크레이트 안에 간식을 넣어 견(犬)이 스스로 크레이트 안으로 들어갈 수 있게 유도해주시는 것부터 훈련이 시작됩니다. 크레이트와 30cm정도 떨어진 위치에 견(犬)을 위치시켜 "앉아, 기다려" 명령어를 통해 준비동작을 내립니다.

이 후 견(犬)에게 크레이트에 간식이 있는 것을 알리며 견(犬)을 크레이트 쪽으로 유인하며 적응하는 시간을 갖습니다. 견(犬)이 스스로 크레이트 안으로 들어갔다면 칭찬과 스킨쉽을 통해 충분히 보상을 내려줍니다.

초반에는 견(犬)에게 크레이트는 익숙하지 않은 공간이고 두려운 감정이 들기 때문에 크레이트에 쉽게 진입할 수 없습니다. 그렇기 때문에 견(犬)에게 크레이트 안으로 유도하는 과정 자체를 견(犬)에게 재밌는 놀이라는 인식이 될 수 있도록 접근하는 것이 좋습니다.

크레이트가 두려운 공간, 해를 끼칠 수 있는 공간이 아니라는 것을 인지시켜 주시면 됩니다. 이 과정이 반복되다보면 견(犬)이 크레이트 내부로 들어가는 시간이 짧아지고 크레이트를 익숙한 공간으로 인식하게 됩니다.

견이 초반보다 크레이트를 익숙한 공간으로 인식하게 된 단계에서는 크레이트에 머무르는 시간이 길어질 수 있도록 하는 과정이 필요합니다. 간식을 크레이트 내부로 더 깊숙이 배치하거나, 간식 크기를 키우는 방법이 있습니다.

보통 이 때, 지도수분들이 어려워 하는 점은 견(犬)들이 크레이트 내부에서 원하는 것을 얻었으니 다시 지도수에게 돌아가려고 하는 것입니다. 이 패턴을 끊어주기 위해서는 견(犬)들이 크레이트에서 나오기 전에 지도수가 케이지 앞으로 가 입구 쪽에서 간식을 주며 '휴지'할 수 있게 해주는 것입니다.

다음 단계는 "기다려"의 훈련입니다.

전의 훈련에서 배운 "기다려"훈련의 응용훈련이기도 합니다. 견(犬)이 명령어를 받는 공간이 크레이트로 변경된 것인데, 견(犬)이 스스로 크레이트 내부로 들어가는 것부터 기다린 뒤에 나오는 과정을 학습시키는 과정 중의 일부입니다. 그리하여, 견(犬)이 크레이트 내부에 있을 때 "기다려"명령을 내립니다.

"기다려"훈련의 다음 단계는 "와" 단계입니다.

견이 크레이트 내부에서 "기다려" 명령어를 수행하고 있을 때 견(犬)에게 "와" 명령어로 지도수쪽으로 견(犬)을 불러내는 과정입니다. 이 과정에서는 견(犬)이 나올 때 지도수는 견(犬)과의 거리를 늘려가며 견(犬)의 이동거리를 단계적으로 늘려주는 것이 좋습니다.

다음엔 거리를 조금 더 늘려서 "앉아, 기다려"를 해주세요. 케이지와 강아지 사이에 다시 자리를 잡으시고, "하우스" 시켜주세요.

"하우스" 명령어만 내려졌을 때 견(犬)이 스스로 크레이트 안으로 들어가고, 기다리는 과정과 "와"의 명령어에 지도수에게까지 되돌아 오는 과정이 훈련의 과정입니다. 이로써, 크레이트 훈련은 마무리가 됩니다. 성공적인 크레이트 훈련은 견(犬)이 거부감없이 크레이트 내부로 스스로 들어가는 것이 핵심입니다. 지도수는 이를 명심하고 인내심과 활기있는 분위기 속에서 훈련을 진행하도록 노력해야 합니다.

1) 하우스와 훈련견준비

2) 입구에 간식 두기

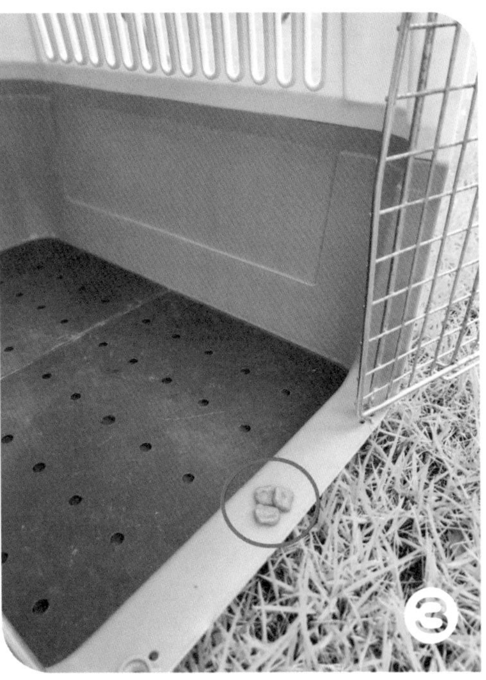

3) 간식 확인 시켜주기

4) 하우스 안쪽으로 간식 이동

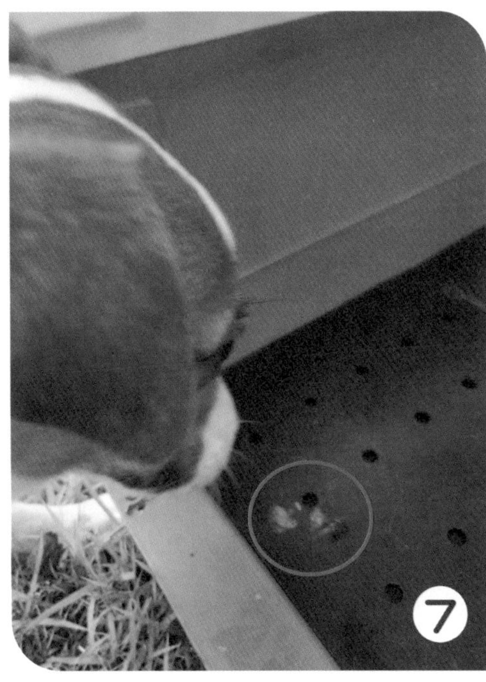

5) 하우스 안쪽에 먹이두기

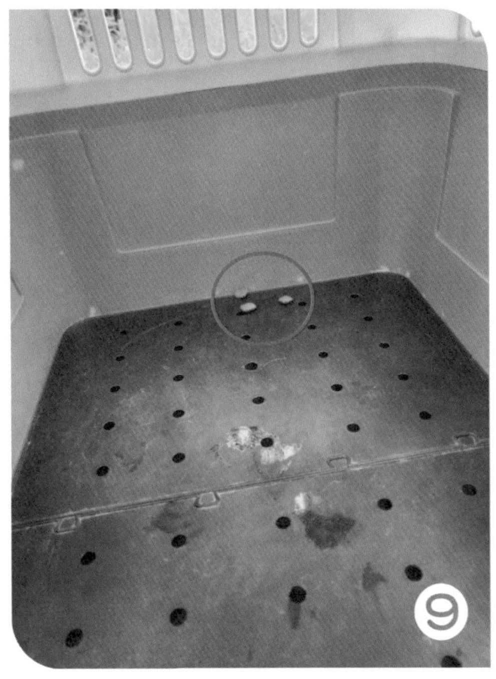

6) 스스로 하우스에 들어가기

7) 하우스 안에서 포상하기

8) 하우스에서 기다려 시키기

9) 기다려 후 거리 벌리기

10) 훈련견 부르기

10. 반려견 지도사의 이해

최근에는 반려견 지도사에 대한 미디어 노출과 반려인의 인구가 증가함에 따라 반려견 지도사에 관심이 증가하고 있습니다. 하지만, 반려견 지도사를 직업으로 선택할 때는 단순히 흥미의 차원이나 상업적인 차원으로 접근하는 것을 조심해야 합니다. 미디어에서 편집된 이미지로 반려견 지도사에 대한 선호도가 높아지고 있는 점은 다소 현실적인 부분이 고려되지 않은 면도 있습니다. 생명을 다루는 직업인만큼 적성과 기본적인 자질등을 복합적으로 고려해서 선택해야 합니다.

반려견 지도사에게 필요한 자질등은 아래와 같습니다.

첫 번째, 인내심이 요구됩니다. 훈련을 접해본 적이 없다면 단시간 내에 훈련 성과가 나올 것으로 예측하지만 현실은 이와 다릅니다. 상황과 조건에 따라 결과는 상이한 부분인만큼 이 시간을 인내할 수 있는 지의 여부가 견(犬)에게도 영향을 끼치기 때문에 인내심의 여부는 중요한 덕목입니다.

두 번째, 클라이언트와 커뮤니케이션 능력과 문제 파악 능력입니다. 반려견 지도사는 본인의 견(犬)을 훈련하는 것이 아닌 클라이언트의 견(犬)을 훈련하여 올바른 행동으로 이끄는 것이 목표입니다. 때문에 클라이언트가 고민하는 지점은 무엇인지 정확하게 커뮤니케이션하여 고민을 파악하고 제대로 문제를 파악하여 해결책을 제시하여야 합니다.

세 번째, 견(犬)에 대해 끊임없는 관심과 연구가 필요합니다. 견(犬)의 품종이나 행동 등에 대해 끊임없이 호기심을 갖고 연구하지 않으면 최선의 훈련을 제공하지 못할 수 있습니다. 훈련방법은 한계가 정해져 있지 않기 때문에 변화하는 사회와 견(犬)의 성품이나 품종에 맞는 훈련방법을 끊임없이 연구하여 최선의 훈련을 진행할 수 있도록 노력하는 자세가 필요합니다.

네 번째, 견(犬)과의 공생관계라는 인식을 가져야 합니다. 훈련의 목적은 견(犬)과 함께 하는 생활에 질서를 부여하여 행복한 생활을 하는 것입니다. 이 의미는 사람이 견(犬)에게 일방향으로 도움을 주는 관계가 아닌 서로에게 도움을 주고 행복을 나누는 관계라는 것입니다. 이러한 인식이 부재하다면, 훈련에 필요한 여러 덕목등이 부재하여 견(犬)들에게 강압적인 훈련등으로 이어질 수 있어 공생관계라는 인식을 갖추는 것은 매우 중요합니다.

이로써, 반려견 지도사에게 요구되는 덕목 등을 살펴보았습니다. 이러한 덕목 등을 본인이 갖췄는지 신중하게 고민하는 시간이 필요합니다. 기본적인 덕목등을 갖추지 않은 상태에서 생명을 다루는 직업을 삼을 경우 본인뿐만 아니라, 견(犬)에게도 치명적인 영향을 줄 수 있기 때문에 신중하게 고민하는 작업이 필요합니다.

또한, 반려견 지도사는 본인의 훈련 계획과 본인이 맡은 견(犬)에 대해 책임지는 마음과 자세가 필요하며 이를 잊지 않고 행동에 옮길 수 있어야합니다. 더불어 시간과 여유가 된다면 사회에 이로운 봉사활동을 하는 것도 책임감이나 여러 덕목등을 형성하는 데도 많은 도움이 될 수 있습니다.

마지막으로 견(犬) 훈련을 마무리하면서 견(犬) 훈련이 제대로 교육되었는지 확인하는 방법은 다음과 같습니다. 소형견은 소형견이 긴장하지 않고 편안한 감정을 느낄 수 있는 자택 등에서 훈련을 진행하는 것이 좋습니다. 이에 반해 대형견은 공간 제약이 없습니다.

1. 리드줄 없이 간식에 반응하는지.
2. 명령어를 제대로 인지하여 수행하는지
3. 아이컨택의 수행여부와 신체접촉에도 거부반응이 없는지

지도수는 견(犬)에게 칭찬과 애정으로 교감을 이끌어내며 훈련에 임할 것을 마지막으로 강조드립니다.

저자약력

한만수

현. 사단법인 한국애견협회 공인 1급 훈련사
장안대학교 기초훈련학 / 응용훈련학 겸임교수
대전과학기술대학교 동물행동 및 훈련기초 겸임교수
탤런트 독 스쿨 대표
동물 에이전시 대표
테이블 분과위원장 및 심사위원
한국애견협회 훈련심사위원
K-MOOC 반려견기본예절교육 훈련 영상 제작
전. 경찰 특공대 승급 심사위원
관세청 탐지조사반 실기 시험 감독관

반려견 기초훈련

초판발행 2022년 9월 30일
중판발행 2024년 2월 5일

지은이 한만수
펴낸이 노 현

편 집 김윤정
기획 / 마케팅 김한유
표지디자인 이수빈
제 작 고철민 · 조영환

펴낸곳 **㈜피와이메이트**
서울특별시 금천구 가산디지털 2로 53, 210호(가산동, 한라시그마밸리)
등록 2014. 2. 12. 제 2018-000080호
전 화 02)733-6771
f a x 02)736-4818
e-mail pys@pybook.co.kr
homepage www.pybook.co.kr
ISBN 979-11-6519-261-7 93490

정 가 13,000원

박영스토리는 박영사와 함께하는 브랜드입니다.